BEI GRIN MACHT SICH IHR WISSEN BEZAHLT

- Wir veröffentlichen Ihre Hausarbeit, Bachelor- und Masterarbeit

- Ihr eigenes eBook und Buch - weltweit in allen wichtigen Shops

- Verdienen Sie an jedem Verkauf

Jetzt bei www.GRIN.com hochladen und kostenlos publizieren

Bibliografische Information der Deutschen Nationalbibliothek:

Die Deutsche Bibliothek verzeichnet diese Publikation in der Deutschen Nationalbibliografie; detaillierte bibliografische Daten sind im Internet über http://dnb.␍dnb.de/ abrufbar.

Dieses Werk sowie alle darin enthaltenen einzelnen Beiträge und Abbildungen sind urheberrechtlich geschützt. Jede Verwertung, die nicht ausdrücklich vom Urheberrechtsschutz zugelassen ist, bedarf der vorherigen Zustimmung des Verlages. Das gilt insbesondere für Vervielfältigungen, Bearbeitungen, Übersetzungen, Mikroverfilmungen, Auswertungen durch Datenbanken und für die Einspeicherung und Verarbeitung in elektronische Systeme. Alle Rechte, auch die des auszugsweisen Nachdrucks, der fotomechanischen Wiedergabe (einschließlich Mikrokopie) sowie der Auswertung durch Datenbanken oder ähnliche Einrichtungen, vorbehalten.

Impressum:

Copyright © 2014 GRIN Verlag, Open Publishing GmbH
Druck und Bindung: Books on Demand GmbH, Norderstedt Germany
ISBN: 9783668327023

Dieses Buch bei GRIN:

http://www.grin.com/de/e-book/342728/spielerischer-umgang-mit-geometrischen-formen-mathematik-1-klasse-grundschule

Sandra Kappelhoff

Spielerischer Umgang mit geometrischen Formen (Mathematik 1. Klasse Grundschule)

GRIN Verlag

GRIN - Your knowledge has value

Der GRIN Verlag publiziert seit 1998 wissenschaftliche Arbeiten von Studenten, Hochschullehrern und anderen Akademikern als eBook und gedrucktes Buch. Die Verlagswebsite www.grin.com ist die ideale Plattform zur Veröffentlichung von Hausarbeiten, Abschlussarbeiten, wissenschaftlichen Aufsätzen, Dissertationen und Fachbüchern.

Besuchen Sie uns im Internet:

http://www.grin.com/

http://www.facebook.com/grincom

http://www.twitter.com/grin_com

Zentrum für schulpraktische Lehrerausbildung

Seminar Grundschule

Schriftliche Unterrichtsplanung zum Unterrichtsbesuch

im Fach Mathematik

- ❖ **Thema der Unterrichtsreihe:** Geometrische Formen
- ❖ **Thema der Unterrichtsstunde:** Wir puzzeln mit Formen.
- ❖ **Klasse:** 1 (21 Kinder – 11 Mädchen/ 10 Jungen)

Inhalt

Thema der Unterrichtsreihe 3

Zentrale Absicht der Stunde und Lernchancen 3

Zentrale Absicht für Kinder mit ausgewiesenen Förderschwerpunkten 4

Sachinformationen zur Stunde 4

Fachdidaktische Analyse 5

Analyse der Lernaufgabe 6

Lernvoraussetzungen der Kinder 7

Erhebung der Lernvoraussetzungen 8

Darstellung des Unterrichtsverlaufes 10

Lernkomponenten 11

Literaturverzeichnis 12

Anhang 13

Thema der Unterrichtsreihe

„Geometrische Formen" – Die SuS lernen geometrische Grundformen kennen und sammeln grundlegende Erfahrungen zu ihren Eigenschaften durch einen handlungsorientierten Zugang.

Einheit	Thema/ inhaltlicher Schwerpunkt	zentrale Absicht
1	Wir lernen Formen kennen.	Die SuS haben die Möglichkeit, die geometrischen Formen Dreieck, Viereck (Quadrat), Viereck (Rechteck) und Kreis kennenzulernen und einen Wortspeicher zu entwickeln.
2	Wir finden Formen und ordnen sie zu.	Die SuS haben die Möglichkeit, die ihnen bekannten geometrischen Formen in ihrer Umwelt zu entdecken und ihren Wortspeicher anzuwenden.
3	Wir puzzeln mit Formen.	Die SuS haben die Möglichkeit, mit den ihnen bekannten geometrischen Formen Figuren Nach- und Auszulegen und dabei Beziehungen zwischen ebenen Figuren und geometrischen Formen zu entdecken. Sie können dabei ihr Vorwissen nutzen und ihren Wortspeicher anwenden.

Zentrale Absicht der Stunde und Lernchancen

Die SuS haben die Möglichkeit, mit den ihnen bekannten geometrischen Formen Figuren Nach- und Auszulegen und dabei Beziehungen zwischen ebenen Figuren und geometrischen Formen zu entdecken. Sie können dabei ihr Vorwissen nutzen und ihren Wortspeicher anwenden.

Im Sinne meiner formulierten Absicht eröffne ich folgende Lernchancen:

Auf der **Ebene der Sacherfahrungen** haben die SuS die Möglichkeit,
- ihren Wortspeicher zu festigen und anzuwenden.
- ihre visuelle Wahrnehmung und Raumvorstellung zu schulen.
- Beziehungen zwischen ebenen Figuren und den ihnen bekannten geometrischen Formen zu entdecken.
- ihre Erfahrungen zu reflektieren.

Auf der **Ebene der Individualerfahrungen** haben die SuS die Möglichkeit,
- ihr Vorwissen über die geometrischen Formen anzuwenden.
- sich persönliche Gedanken beim Legen von Formen in ebenen Figuren zu machen.
- sich anhand differenzierter Aufgaben mit dem Legen auseinanderzusetzen.
- ihre motorischen Fähigkeiten durch das Legen zu schulen.
- sich innerhalb der Arbeitsphase in leiser Einzelarbeit zu üben.
- ihre eigenen Erfahrungen zu reflektieren.

Auf der **Ebene der Sozialerfahrungen** haben die SuS die Möglichkeit,
- mit Rücksichtnahme auf die Mitschüler zu arbeiten.
- im Austausch anderen zuzuhören.
- sich untereinander Hilfestellung zu geben und diese anzunehmen.
- ihre Erfahrungen anderen mitzuteilen und von anderen zu erfahren.

Zentrale Absicht für Kinder mit ausgewiesenen Förderschwerpunkten

E. hat einen sonderpädagogischen Förderbedarf im Bereich geistige Entwicklung. Er kann die geometrischen Formen benennen und wird mit Hilfe seiner Sonderpädagogin Anforderungsbereich 1 (Nachlegen von Formen) bearbeiten.

Sachinformationen zur Stunde

Die Unterrichtseinheit „Wir puzzeln mit Formen" soll einen handlungsorientierten Zugang zu den bereits bekannten geometrischen Formen in Beziehung zu ebenen Figuren bereitstellen. Hierbei können die Kinder ihr Vorwissen über die Formen Dreieck, Viereck (Quadrat), Viereck (Rechteck) und Kreis anwenden und mit neuen Erfahrungen durch das Legen in ebenen Figuren vertiefen. Dabei kann gleichzeitig die Wahrnehmung, Raumvorstellung und Motorik geschult werden. Des Weiteren können die prozessbezogener Kompetenzen, vor allem das Problemlösen / kreativ sein, das Argumentieren und das Darstellen / Kommunizieren angesprochen und gefördert werden. Durch das handlungsorientierte Arbeiten mit Formen wirkt es motivierend und fördert den Erfahrungsaustausch untereinander.

Fachdidaktische Analyse

Geometrie – Ein Thema das oft im Mathematikunterricht vernachlässigt wird und im Grundschulbereich von fundamentaler Bedeutung ist. Denn die Vermittlung geometrischer Lerninhalte trägt zur Umwelterschließung bei und schult die räumliche Vorstellung. Des Weiteren fördert sie grundlegend die kognitive Entwicklung durch das Erweitern visuell-geometrischer Erfahrungen. Sie bietet dazu zahlreiche Gelegenheiten prozessbezogene Kompetenzen anzusprechen, vor allem das Problemlösen / kreativ sein, das Argumentieren sowie das Darstellen / Kommunizieren und hält für SchülerInnen mit Schwierigkeiten im Bereich Arithmetik neue Zugänge und Lernchancen bereit.

Der handlungsorientierte Umgang mit den geometrischen Grundformen Dreieck, Viereck (Quadrat), Viereck (Rechteck) und Kreis beim Legen ebener Figuren, bahnt erste Erfahrungen im Bereich Geometrie an und legt Grundsteine für das weitere Arbeiten. Der handlungsorientierte Umgang soll die Motivation und Freude an Mathematik fördern.[1]

Die Unterrichtsreihe und -einheit zur Geometrie lassen sich im Lehrplan Mathematik dem Bereich „Raum und Form" mit dem Schwerpunkt „Ebene Figuren" zuordnen. Die Kinder können durch den handelnden Umgang grundlegende Erfahrungen mithilfe von Begrifflichkeiten und Eigenschaften zu geometrischen Grundformen sammeln.[2]

Die Unterrichtseinheit „Wir puzzeln mit Formen" beschäftigt sich mit den inhaltsbezogenen Kompetenzen der ebenen Figurenherstellung durch Nach- sowie Auslegen mit bekannten geometrischen Formen unter der Verwendung von Fachbegriffen.[3]

Dabei sollen vor allem prozessbezogene Kompetenzen, wie das Problemlösen / kreativ sein, das Argumentieren und das Darstellen / Kommunizieren angesprochen werden.[4]

Problemlösen / kreativ sein

Die SchülerInnen

- entnehmen der Einführungsphase die für ihre folgende Legeaufgabe relevanten Informationen (erschließen).
- probieren zunehmend systematisch und zielorientiert aus (lösen).
- entwickeln eigene Ergebnisse.
- testen anhand der Vorlage aus (überprüfen).

Argumentiereni

Die SchülerInnen

- stellen Vermutungen über mögliches Legen mit den bekannten Formen auf (vermuten).
- testen ihre Vermutungen durch das Legen auf der Vorlage (überprüfen).
- tauschen sich über Ergebnisse untereinander aus (argumentieren, verbalisieren).

---

[1] vgl. Wittmann, S.207ff.
[2] vgl. Lehrplan, S.58
[3] vgl. Lehrplan, S.64
[4] vgl. Lehrplan, S.61

Darstellen/Kommunizieren

Die SchülerInnen

- tauschen sich mit ihren MitschülerInnen über ihre Entdeckungen aus (kommunizieren).
- verwenden bei der Darstellung ihrer Entdeckungen den Wortspeicher (Fachsprache verwenden).

Die Behandlung von geometrischen Grundformen und das Sammeln elementarer Erfahrungen mit ihnen, legen den Grundstein für weitere Geometrieinhalte und sind somit an das Spiralprinzip[5] des Mathematikunterrichts angelehnt. Das handlungsorientierte Arbeiten mit Formen regt zu einem aktiv entdeckenden Lernen an und fördert Freude sowie Motivation sich mit Mathematik auseinanderzusetzen. Hierbei besteht die Möglichkeit differenzierte Aufgabenstellungen anzubieten, so dass die SchülerInnen individuelle Erfahrungen sammeln können.[6]

Analyse der Lernaufgabe

In der Unterrichtseinheit „Wir puzzeln mit Formen" können die Kinder anhand vorgefertigter ebener Figuren das Nach- und Auslegen in verschiedenen Anforderungsbereichen entdecken. Dabei sollen die Anforderungsbereiche I bis III im Kontext der prozessbezogenen Kompetenzen wie folgt angesprochen werden.

Anforderungsbereich I: Reproduzieren

Die SchülerInnen

- präsentieren ihr Vorwissen aus den letzten Einheiten und wiederholen die Begrifflichkeiten und Eigenschaften der ihnen bekannten geometrischen Formen.
- legen Formen auf Figurenvorlagen nach (Arbeitsblatt Stufe 1).
- überprüfen anhand der Figurenvorlage ihre Ergebnisse.

Anforderungsbereich II: Zusammenhänge herstellen

Die SchülerInnen

- legen Formen auf teilweise vorgelegten Figurenvorlagen aus (Arbeitsblatt Stufe 2).
- nutzen dabei ihr Vorwissen über die geometrischen Formen und das bisherige Nachlegen.
- überprüfen ihre Ergebnisse anhand der Figurenvorlage.

---

[5] Krauthausen & Scherer, S.138.
[6] vgl. Lehrplan, S.55 ff.

Anforderungsbereich III: Strategien entwickeln / Verallgemeinern

Die SchülerInnen
- legen Formen in nicht ausgelegten Figurenvorlagen (Arbeitsblatt Stufe 3).
- nutzen dabei ihr Vorwissen über geometrische Formen sowie das Nach- und Auslegen.
- entdecken und entwickeln Auslege-Strategien.
- überprüfen ihre Ergebnisse anhand der Vorlage des Figurenumrisses.

Lernvoraussetzungen der Kinder

Ich unterrichte die Klasse 1 in Mathematik seit Anfang des neuen Schuljahres (ca. 5 Wochen) mit 5 Stunden in der Woche. Davon unterrichte ich die Klasse zwei Stunden alleine und drei Stunden gemeinsam mit meiner Mentorin.

Die Kinder arbeiten anhand eines Lehrwerks und haben in den ersten Wochen einen Ziffernschreibkurs absolviert. Der Schüler E. hat sonderpädagogischen Förderbedarf im Bereich geistige Entwicklung und wird durch eine Sonderpädagogin beim Arbeiten unterstützt. Er ist im Mathematikunterricht mit Begeisterung dabei und versucht sich rege zu beteiligen. Dabei hat er aber Schwierigkeiten seine Konzentrationsfähigkeit zu steuern, zielorientiert zu arbeiten und sich dabei an die Klassenregeln zu halten.

Erhebung der Lernvoraussetzungen

LERNANFORDERUNG	AKTUELLER LERNSTAND	HANDLUNGSKONSEQUENZEN
in Bezug auf die Sache		
- Nachlegen von Figurenvorlagen - Nach- und Auslegen von teilweise vorgelegten Figurenvorlagen	- Das Benennen, Zählen und Zuordnen der bekannten Formen und ihrer Eigenschaften	- LAA greift unterstützend ein und erklärt wiederholt den Arbeitsauftrag mithilfe des Arbeitsmaterials am Tisch - LAA teilt Profi-Aufgabe zu
in Bezug auf Methoden und Medien		
- Individuelle Auswahl der Arbeitsblätter Stufe 1 bis 3	- Wiederholungs- und Einführungsphasen im Sitzkreis - Nutzung von visuellen Hilfen (Transparenzsymbole, Plakate, Tafelbilder) - Akustische Signale zum Beginn und zur Beendigung der Arbeitsphase	- LAA regt zur Auswahl eines anderen Anforderungsbereiches an
in Bezug auf Basiskompetenzen		
soziale Kompetenz - Arbeitsphasen in leiser Einzelarbeit - Austausch untereinander im Flüsterton - Fragen und Hilfestellungen durch den Tischnachbarn - Einhaltung der Klassenregeln	- Einige SuS sind sich ihrer Lautstärke bei der Einzelarbeit manchmal nicht bewusst oder vergessen im Eifer die Klassenregeln	- LAA sensibilisiert für die Flüsterzeit und Fragen bzw. Hilfestellungen untereinander - LAA motiviert positiv zur Einhaltung der Klassenregeln mithilfe der Sternchenvergabe für das Tischrennen - LAA thematisiert ggf. die Klassenregeln mit der gesamten Lerngruppe

Kompetenz		Beobachtungen SuS	LAA
personale Kompetenz	- Aufmerksamkeit gegenüber und Einhaltung der Klassenregeln - Aufnahme und Aufrechterhaltung der Motivationsimpulse durch das Thema und die Arbeitsaufträge in den verschiedenen Schwierigkeitsstufen	- Einige SuS zeigen sich zunächst motiviert und neigen im Laufe der Stunde dazu von Aufgaben abzuschweifen - Einige SuS zeigen Schwierigkeiten sich auf Aufgaben zu konzentrieren und zielorientiert zu arbeiten	- LAA motiviert bei Bedarf sich auf die Aufgabe zu konzentrieren - LAA sensibilisiert bei Bedarf für die Einhaltung der Klassenregeln
Sprache und Sprechen	- Erste Anbahnung einer Reflexionsphase mit visueller und verbaler Unterstützung	- der gesamten Lerngruppe ist die Reflexionsphase noch sehr neu und es zeigen sich verbale Unsicherheiten	- LAA gibt ein Beispielsatz vor - LAA unterstützt durch die Wiederholung des Reflexionssatzes und das Zeigen auf die visuellen Hilfen
motorische Kompetenz		- Umgang mit kleinen Formen beim Nach- und Auslegen von Figuren	

Darstellung des Unterrichtsverlaufes

Methodische Entscheidungen	Begründung
Ich stelle den Besuch vor und lasse den Verlauf der Stunde anhand von Transparenzsymbolen von den Kindern beschreiben.	Die Kinder haben die Möglichkeit sich zu orientieren.
Wir wiederholen kurz die Begrifflichkeiten und Eigenschaften der bekannten Formen im Sitzkreis, bevor ich mit der Demonstration einer Legefigur den Impuls für die neue Lerneinheit setze. Danach gebe ich den Kindern eine Legefigur zum Nachlegen vor.	Es besteht eine Anknüpfung an die letzte Stunde, bevor die Kinder die Möglichkeit bekommen sich auf die neue Lerneinheit einzulassen. Durch die Demonstration einer Legefigur werden die Kinder zunächst zu einer Ideensammlung angeregt. Das anschließende Nachlegen soll motivieren und den bevorstehenden Arbeitsauftrag transparent machen.
Die Kinder wählen unter den Arbeitsblättern mit den verschiedenen Anforderungsbereichen mehrere für sich aus und bearbeiten diese flüsternd in Einzelarbeit. Nach der Fertigstellung der Arbeitsblätter dürfen sie sich mit dem nächsten Anforderungsbereich auseinandersetzen.	Jedes Kind hat so die Möglichkeit, sich individuell mit dem Legen von Formen zu beschäftigen und kann dabei auf unterschiedlichstem Niveau Entdeckungen zu Formen und ebenen Figuren machen.
Nach der Einzelarbeit treffen wir uns im Sitzkreis und reflektieren mit Hilfe eines von mir formulierten Beispielsatzes und visueller Unterstützung durch Federn, Steine und entsprechenden Symbolen.	Die Kinder haben jetzt die Möglichkeit ihre Erfahrungen zu reflektieren und mit Hilfe der Begrifflichkeiten zu versprachlichen. Dabei ist ihnen freigestellt, ob sie über die Einstiegsphase, Wiederholungsphase oder Arbeitsphase reflektieren, um ihnen den Zugang zur Reflexionsphase zu erleichtern. Ferner schulen sie hierbei ihre Kommunikationsfähigkeit.

Lernkomponenten

Initiation

- Begrüßung und Vorstellung des Besuchs
- Kurze Wiederholung der letzten Stunden und Einstieg in die heutige Stunde durch die Demonstration und das Nachlegen einer Legefigur.

Was? Heute legen wir mit Formen.
Wie? Sitzkreis/ Einzelarbeit
Wozu? Wir versuchen beim Legen in ebenen Figuren die bekannten Formen zu erkennen und Beziehungen zwischen Formen und Figuren herzustellen.

Orientierung

- Was, Wie, Wozu
- Einstieg in die Stunde durch die Demonstration und das Nachlegen einer Legefigur
- Aufgabenstellung
- Materialsichtung
- Einzelarbeit
- Reflexionsauftrag
- Verabschiedung

Integration

Die SuS können ihre Erkenntnisse und Erfahrungen, die sie im Rahmen der Unterrichtsreihe gemacht haben, weiterentwickeln. In Bezug auf die Stunde können die Kinder Beziehungen zwischen ihnen bekannten Formen und ebenen Figuren herstellen.

Transformation

Arbeitsauftrag:

- Suche dir ein Arbeitsblatt mit passender Schwierigkeitsstufe aus und lege mit den Formen die Figuren.
- Wenn du fertig bist darfst du dir ein Arbeitsblatt des nächsten Anforderungsbereiches nehmen und bearbeiten.

Sozialform: Einzelarbeit
Material: Arbeitsblätter in 3 Anforderungsbereichen, geometrische Formen aus Pappe

Reflexion/Präsentation

Reflexion durch den Beispielsatz und den Hilfsmaterialien Federn, Steine sowie symbolische Darstellungen.

Sozialform: Sitzkreis
Medien: Federn, Steine, symbolische Darstellungen

Literaturverzeichnis

Krauthausen, G. & Scherer, P. (2007): Einführung in die Mathematikdidaktik (3. Aufl). Spektrum: Heidelberg.

Ministerium für Schule und Weiterbildung des Landes Nordrhein-Westfalen (2008) (Hg.): *Richtlinien und Lehrpläne für die Grundschule in Nordrhein-Westfalen*. Ritterbach Verlag: Frechen 2008.

Wittmann E. Ch. (1999): Konstruktion eines Geometriecurriculums ausgehend von Grundideen der Elementargeometrie. In: H. Henning (Hg.): *Mathematik lernen durch Handeln und Erfahrungen. Festschrift zum 75. Geburtstag von Heinrich Besuden.* Oldenburg: Bueltmann und Gerriets.

Anhang

Beispiel für Arbeitsblatt Stufe 1

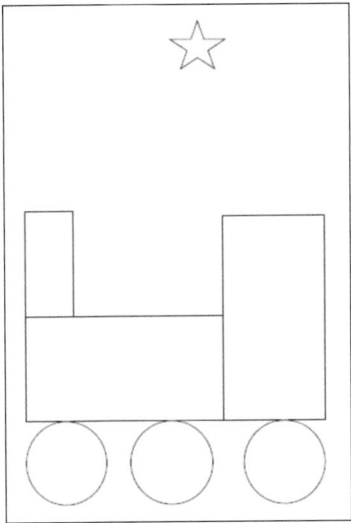

Beispiel für Arbeitsblatt Stufe 2

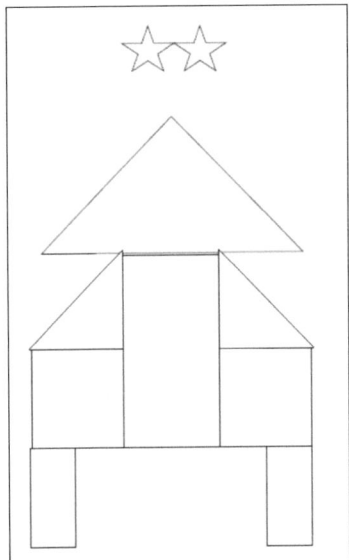

Beispiel für Arbeitsblatt Stufe 3

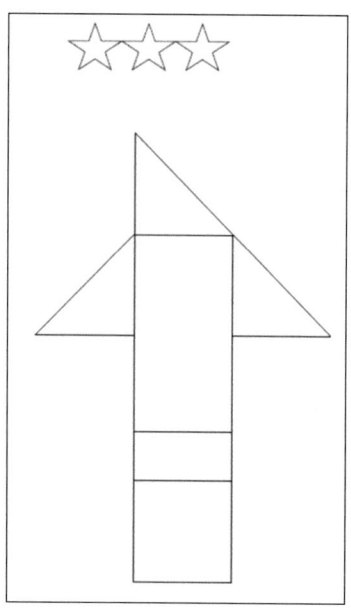

BEI GRIN MACHT SICH IHR WISSEN BEZAHLT

- Wir veröffentlichen Ihre Hausarbeit, Bachelor- und Masterarbeit

- Ihr eigenes eBook und Buch - weltweit in allen wichtigen Shops

- Verdienen Sie an jedem Verkauf

Jetzt bei www.GRIN.com hochladen und kostenlos publizieren